AMAZON DOLPHIN

Hiroya Minakuchi

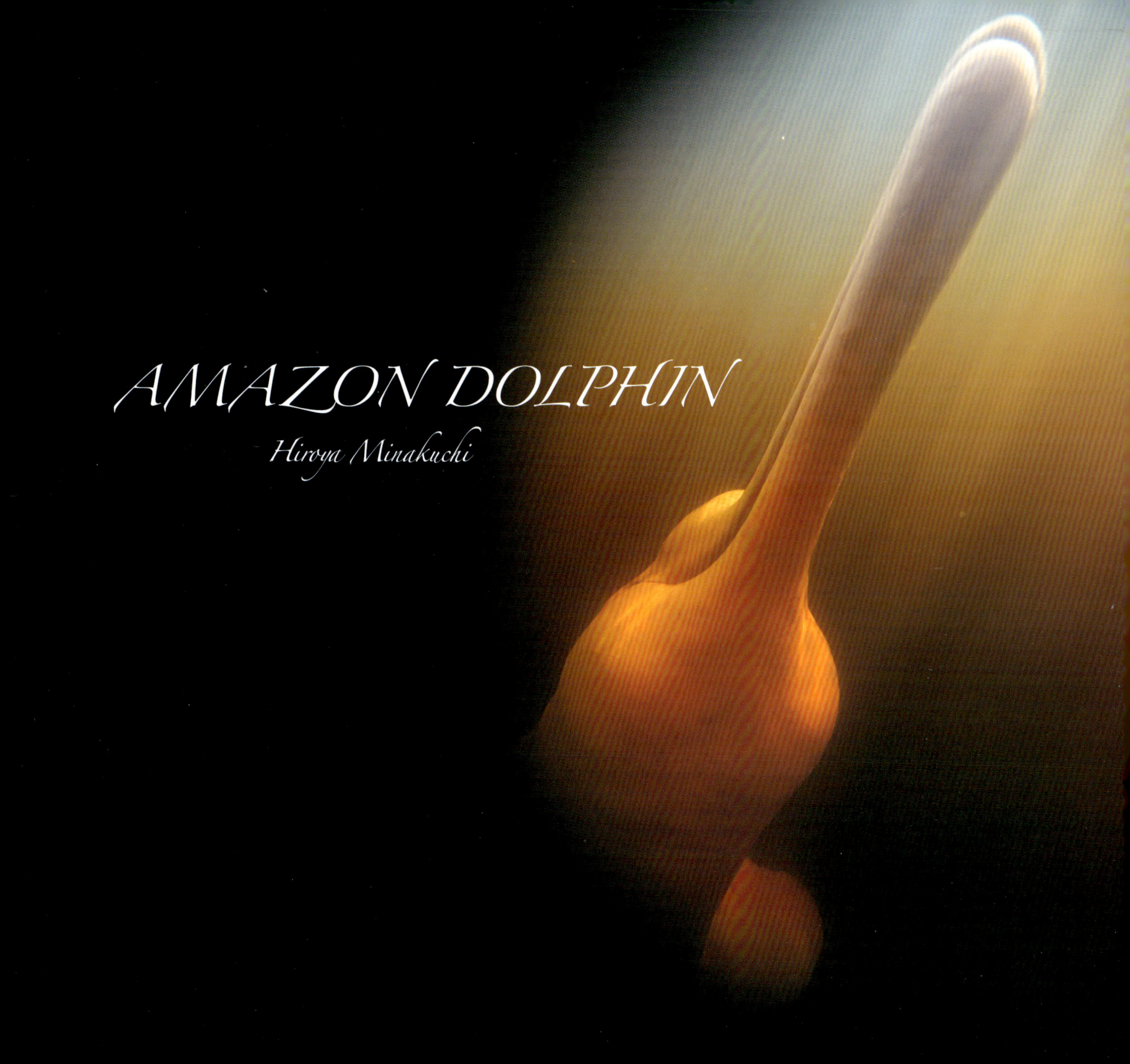

南米大陸を流れる大河アマゾン。
無数に枝わかれした支流は、巨大な生命体をささえる毛細血管のように
広大な熱帯降雨林の間にのびていく。

雨期には川はまわりの樹々を浸し、
乾期には森が現れる。
とどまることのない循環と環境の変化が、
類まれな生物の多様性を生みだした。

森と川がひとつにとけあい、川面が森の風景を写しだす季節。
この水の国に、村の娘さえ惑わせる
妖艶なイルカがすむという。

Flooded Forest
浸水林

降りつづく雨とともに
川が森をのみこむ季節 ——
イルカたちは魚群を追って、
森の樹々の間を泳ぎまわる。

朝もやにつつまれた浸水林。

タンニンなど植物の腐食酸を多く
濃い紅茶のように濁った水のなか
水面に映る川辺の森も、
そこに現れたイルカの姿も、
すべてが緋色に染まって見えた。

ボートのまわりに姿を見せたアマゾンカワイルカ。
呼吸のための浮上は一度きりで、その動きを目で追うのもむずかしい。
イルカがわずかに潜るだけで、濁った水が鮮やかなピンクの体を隠してしまう。

濁った水が観察者の視界を閉ざす。
イルカは、ジャングルの茂みのなかから視線を送る野獣のように、
樹々の間に潜む小魚を狙う。

細長いくちばしは、
樹々の枝葉の間を泳ぐ獲物をつまみ取る。
彼らの多彩な餌生物は、
カニやカメなども含んで50種を超える。

ボートのエンジンを止め、まわりの音に耳を澄ます。
森にすむサルや鳥たちの嬌声にまじって、
川面からはイルカたちが息をふきあげる音が響く。

アマゾンの上流にて

ペルー、パカヤ・サミリア国立保護区

Pacaya-Samiria National Reserve, Peru

樹々が風にざわめく音や鳥たちの嬌声にまじって、「プッ」と水面で息をふきあげる音を耳にした。
川面に目を走らせたとき、ふいに浮上する鮮やかなピンクのイルカの姿が見えた。

熱帯降雨林の間で、
無数に散在する湖と、
網の目のようにのびる支流と。

マラニョン川の
狭い支流をいく。

ペルー、イキトスから

ぼくとアマゾンカワイルカとの出会いは、20年前にさかのぼる。鯨類の生態を観察しはじめて十数年がたった頃、海洋ではなく河川にすむ不思議なイルカに興味をひかれて、取材地をさがしはじめたときだ。

まだインターネットが普及していなかったときで、情報もいまほど簡単に探せなかった時代である。偶然にアメリカの若い研究者が、ペルーのパカヤ・サミリア国立保護区で生態調査を行うと聞いて、同行を願い出たのだった。

南米大陸アマゾン川を河口から遡ったとすれば、直線距離にしておよそ3000km、アンデスの峰々から流れ出る２つの川が、ペルーのイキトスあたりで合流して、はじめて“アマゾン”と呼ばれる大河を形成する。

２つの河とは、合流地点までほぼ真西から流れるマラニョン川と、その南にあって南西から流れるウカヤリ川。この２つの流れの間にあって原生林がおい茂る一帯20,000㎢は、パカヤ・サミリア国立保護区としてその生物多様性の豊かさを守るために、ペルー政府によって厳重に保護されている地域である。

1993年3月、ぼくたちはイキトスの町を出発、アマゾン川を遡ってパカヤ・サミリア国立保護区をめざしていた。旅の足は、ハウスボートと呼ばれる船だ。２階だてのこの船は、ほんとうに船の上に家を乗せたようなもので、すべての暮らしがそこでできるものだ。一見してわかるように、相当に重心が高いから、外海のうねりがある場所での航行は無理だが、ここアマゾン川では多くの旅行者の旅の足になっている。

世界最大の流域面積を誇る大河でも、純然たる原生の植生を目にすることは少ない。イキトスの町を出発、アマゾン川を遡ったあと、マラニョン川に入ってようやく見事な熱帯降雨林の光景が広がりはじめた。ここからパカヤ・サミリア国立保護区に足を踏み入れることになる。

熱帯降雨林では、それぞれの樹々が太陽光をもとめて梢近くに枝葉を広げることで林冠を形づくり、その間からときおり突出木と呼ばれる巨木が、天にむかって梢を突きだしてい

る。保護区のなかは無数の湖が散在、その間を大小の支流が網の目のようにのびていく。ぼくたちは、マラニョン川に注ぎこむ支流のひとつに船を進めた。

川幅は狭まり、水面はところどころボタンウキクサ（ウォーターレタスとも呼ばれる。*Pistia stratiotes*）などの水草におおわれている。川辺に迫る樹々の間を、鮮やかな紅色のコンゴウインコが飛びかい、リスザルの群れが、太陽の光を受けると黄金に輝く毛並みを連ねて、枝々の間を渡っていった。

幻のイルカとの出会い

上流に進むにつれてますます川幅が狭まりはじめたとき、樹々が風にざわめく音や鳥たちの嬌声にまじって、「プッ」と水面で息をふきあげる音を耳にした。川面に目を走らせたとき、そこに浮上する鮮やかなピンクのイルカの姿が見えた。

アマゾンカワイルカ——明るいピンクの体色のために、一名「ピンクドルフィン」と呼ばれている。派手な体色とは裏腹に、その動きを目で追いつづけるのはむずかしい。浮上して呼吸するのは一度きりで、水面下に沈めば、濃く褐色に濁った水が姿を隠してしまう。つぎにはきまって、ぼくが注視するのとは反対の方角に浮上して、息をふきあげる音を響かせた。

あたりには少なくとも５～６頭はいたのだろう。川面のさまざまな場所から姿を見せ、息をふきあげる音を響かせてぼくたちの注意をひいては、すぐに水面下に消えた。

カメラを構えるものの、突然に川面に浮上する彼らの姿をレンズにとらえるのはむずかしい。当初ぼくは、カワイルカがどの程度の頻度で見られるかについて、相当な不安をもってこの取材にでかけてきていた。

しかし、じっさいに現地に足を踏みいれてみると、出会うのがむずかしくないほどに生息している。そのことに一安心しながらも、なかなか写真にはとらえられず、ましてやじっくりと落ち着いてその姿を観察できないことにぼくは戸惑いを覚えはじめていた。

旅の足になったハウスボート。

アマゾンカワイルカ

濃緑の樹々とコーヒー色の水、その間に浮上する朱《と》鷺《き》色のイルカは、その配色だけで十分に奇妙なものだが、その風貌がまた変わっている。

いかにもいりくんだ川底に生息する魚類や小生物をつまみとるのに適した細長く突きだしたくちばし、異様に発達した額（「メロン」と呼ばれ、エコロケーションのためのクリック音を前方に向けて効率よく発するためのもの）等々。さらには、鯨類には珍しく頸椎が癒合していないために、首をあらゆる方向に向けることができる。そのために、雨期には水没してしまう森の樹々の間に入りこみ、透明度がきわめて悪い水中で自由自在に餌生物を探すことができる。

ちなみに、「異様に発達したメロンと、自由に動く首」といえば、鯨類でもう１種、ベルーガ（シロイルカ）を思い浮かべる。それは彼らが、複雑にいりくむ氷塊の間での暮らしをすむからだろうが、熱帯降雨林を流れる川と氷海という、極端に異なる世界にありながらも、ともにいりくんだ環境のなかを巧みにエコロケーションを頼りに泳ぎまわるという、不思議に共通した暮らしに適応したものなのかもしれない。両種とも、狭いすきまを泳ぎまわるときに邪魔になる背びれをもたない。

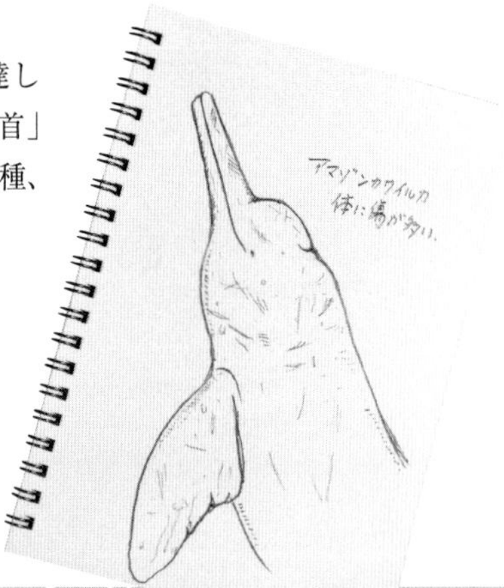

英語では文字通り、Amazon River DolphinあるいはBotoと呼ばれる。体長は、雄2.3メートル（最大2.5メートル）、雌２メートル（最大2.25メートル）、体重は、雄150キロ（最大207キロ）、雌100キロ（最大153キロ）程度。鯨類のなかでも性的二型が著しいことで知られる。じつは、このあとこのイルカの生態について観察するさまざまな事実が、著しい性的二型をもっていることと深く関わっていることを知ることになる。

幼いうちは体色は黒灰色だが、成長とともに色合いは薄く、ピンクをおびはじめる。また同じ成体では、雄のほうがよりピンクが強い。その点でも性的二型を示している。

中国で発行された、
ヨウスコウカワイルカの切手。

カワイルカの仲間

カワイルカと総称されるイルカは、すでに絶滅したと考えられている中国、長江にすんだヨウスコウカワイルカ（バイジ）Chinese River Dolphin(Baiji), *Lipotes vexillifer*、インド、インダス川とガンジス川にすむインドカワイルカSouth Asian River Dolphin(Susu), *Platinista gangetica*（かつてはガンジスカワイルカとインダスカワイルカの２種として扱われていた)、このアマゾン川とオリノコ川水系にすむアマゾンカワイルカAmazon River Dolphiin(Boto), *Inia geoffrensis* のほか、同じ南米にすむラプラタカワイルカFranciscana, *Pontoporia blainvillei*（このイルカはラプラタ川そのものより、アルゼンチンの大西洋沿岸域に生息する）が知られている。

ちなみに、アマゾンカワイルカのなかでボリビア、マデイラ川流域にすむものが、いくぶん小さく、また体に比して頭部が小さいといった際だった特徴をもつ。そのために2008年には、ボリビアカワイルカとして別種として扱われるようになった。おそらくはかつての流域の変化にともない、互いの行き来が阻害されることがあり、その間に独自に進化をとげた結果だろう。

カワイルカの仲間は、アマゾンカワイルカと同様、細長くつきだしたくちばし、自由に動く首をもつが、もうひとつ共通している特徴は、胸びれが大きいことだ。インドカワイルカでは水底で体を横だおしにして、片方の胸びれの先を水底につけて泳ぎまわることが知られている。

インドカワイルカの目は退化し、わずかに明るさがわかる程度だ（アマゾンカワイルカのほうはしっかりとした目をもっている)。こうしたなかで、カワイルカたちは大きな胸びれによる感覚も、環境を認識するうえで役だてているのかもしれない。カワイルカ類はときに「生きた化石」と呼ばれるが、上記のようなカワイルカ類に共通した特徴が、鯨類の進化の歴史のなかで、比較的初期に見られた特徴と共通するからだ。

海洋で繁栄するイルカたちとの競争からのがれてひっそりと生きる。

もうひとつカワイルカ類に共通した特徴に、上顎骨のへりの部分が大きく隆起していることがあげられる。とくにインドカワイルカではその隆起が板状になって、ドーム状の囲いさえつくっている（p.38）。おそらくは首を自由な方向に曲げる能力とあいまって、思う方向へのエコロケーションの能力を効率よくするための構造なのだろう。

頭蓋骨のなかで脳をおさめる空間もきわめて小さいことも、カワイルカ類に共通する特徴である。たとえばハンドウイルカの脳が1500グラム前後あるのに対して、インドカワイルカの脳はせいぜい300グラムといったところだ。

カワイルカ類の進化

カワイルカ類が、ハクジラ類の祖先から比較的早い時期に枝分かれしたことはよく知られている。おそらくはおよそ1500万年前、まずはインドカワイルカが現れ、それより少し遅れて、アマゾンカワイルカやラプラタカワイルカなど南米のカワイルカと、中国のヨウスコウカワイルカが現れたと考えられている。

とはいえ、海にすんだ彼らの祖先が、現在見られるような河川に直接入りこんだわけではないだろう。当時、海面の高さは現在より高かったはずだから、インダス川やガンジス側流域、あるいはアマゾン川流域も、一部は海であり、一部は汽水に浸った入りくんだ浅瀬だったはずだ。カワイルカの祖先たちは、大きな冒険をしたわけではなく自然に──おそらくは餌生物も豊かにいただろう──現在の生息地にあたる地域に入りこんだのだろう。

当時の地球のようすを考えれば、アジア大陸と南米大陸はすでに遠く隔たっていた。とすれば、それぞれのカワイルカは別々に現れたはずで、現在共通して見られる特徴は、ひとつには共通の祖先から分化したときの古い特徴をそのまま保ちつづけてきたことと、もうひとつには河川という共通した環境に入りこんだことによる収斂進化によるものなのだろう。

ちなみに当時、カワイルカ類の直接の祖先は、もともとの生息域である海洋にも生息し、相当に広く分布したグループであることがわかっている。じつは日本でも、1988年には岩手県平泉町から、500～400万年前のものとされるラプラタカワイルカ科の化石（発掘された場所からヒライズミイルカと呼ばれている）が、2011年には島根県から、1600万年前のものとされるインドカワイルカの仲間の化石が発見されている。
　しかし、その後海洋では、マイルカ類という非常に新しく進んだイルカの仲間が大発展することで、海洋では駆逐されてしまったのだろう。幸い河川にすみついたものは、マイルカ類の影響を受けずにすんだ。そのなかでラプラタカワイルカだけは、川よりも海（沿岸域）に分布しているのが——上記のラプラタカワイルカ科であるヒライズミイルカが生きた時代が、すでに海洋でマイルカが大発展をしている時代であることもあわせて——興味をひくところである。

森のなかで

　ペルーのパカヤ・サミリア国立保護区で、マラニョン川のいくつもの支流に船を進め、どの支流にどれくらいのカワイルカに出会えるかを記録していく。支流によって差はあるというものの、ほぼどこでもけっして会うのが珍しくはないほどの頻度で、その姿を目にしてはいた。しかし、撮影がなかなか進まないこと、じっくりとその姿の観察ができないことには変わりがなかった
　一方で、ときには上陸して森のなかの観察もあわせて行っていた。先にも書いたように、成熟した熱帯降雨林では林冠部が発達、降り注ぐ太陽光のほとんどが林冠部で吸収されてしまい、地上にはわずか１％の光しか届かない。そのために、地上に植物が育ちにくく、思いのほか歩きやすいものだ。

熱帯降雨林の光景。
ときにまわりから突出する巨大木の姿が現れる。

小さく刻んだ
木の葉を運ぶ
ハキリアリ。

かつてアンデス山脈は存在せず、アマゾン川は太平洋に注いでいた。

熱帯降雨林といえば「ジャングル」という印象が強いが、ブッシュをかきわけかきわけ進まなければならないのは、人の手によって原生の森が壊され、地上に太陽光が降り注ぎ、さまざまな植物が競って育ちはじめるようになった場所だ。人の手が入らない原生の森のなかの散策は、むしろ快適でさえある。

森のなかでは、動物たちに頻繁に出会えるかと思うけれど、むしろその姿を見るのは稀だ。動物たちの活動が盛んなのは林冠部で、地上を歩くぼくたちは、鳥たちの声や、あたりに響くホエザルの声を聞くだけだ。

目を楽しませてくれるものがあるとすれば、小さく刻まれた木の葉が、大行列をつくって地上を進んでいく光景である。その正体はハキリアリで、樹上の葉を鋭い顎で小片にして、せっせと地中の巣に運んでいく。

彼らは地中に生育するキノコがつくる胞子から糖分をもらうが、木の葉はキノコの栄養になる。中南米の森のなかの散策するとき、小さいながら目を楽しませてくれる主役でもある。

生物多様性の宝庫

こうして森のなかを歩くとき、動物たちの姿をあまり目にしないとはいえ、熱帯降雨林が生物多様性の宝庫であることは間違いない。そうなった理由には、さまざまな説がある。

地球とそこに登場する生物たちの進化の歴史のなかで、何度も訪れた氷河期など過酷な時期、多くの場所ではわずかな生物だけが生存を許されたが、現在の熱帯降雨林が見られる場所では、生物たちがある程度豊かに生存できる場所が、大海のなかに浮かぶ“島”のように点在した。生物たちはそれぞれの“島”のなかで一定期間独自の進化をとげ、ふたたび温かくなったとき、それぞれが異なる種として混在するようになった、というものである。

また、熱帯降雨林のとくに川辺では、雨期には増水した川が森をのみこんで、浸水林という独特な環境をつくりだす。アマゾン川流域では、雨期と乾期の間では、10メートルにも及ぶ水位の差があり、樹々も半年にわたって、幹の途中まで水に浸かることに適応している。アマゾン流域面積の3%は、氾濫原として浸水林が形成される。

しかも、川の流れは変わりながら、それにあわせて浸水林になる地域も変わっていく。さらにもっと長い地球の歴史のなかで、氷河期と間氷期の間では海面の高さも大きく異なったから、アマゾン川流域の森もまた変化し、そこにすむ生物たちもそれに適応してこなければならなかったはずだ。こうした、地球の他の地域よりもいっそう激しい環境の変化も、生物をより多様にする方向に働いたと考えられている。

西に流れたアマゾン

アマゾン川をとりまく環境の変化のなかで、歴史上もっとも大きな変化は、現在のようなアンデス山脈ができる前には、西へ流れ、太平洋にも注いでいたことだろう。エクアドルの海岸部にあるグアヤキル湾あたりに注いでいたらしい。

アンデス山脈ができあがったのは、地質時代のさほど古い時代ではない。近年の研究では1000万年前あたりから数百万年のうちに、ナスカプレートと南米プレートのぶつかりあいによって、一気に隆起したとされている。

ちなみに1000万年前なら、アマゾンカワイルカの祖先がすでにこの流域に入りこんだあとだ。「アマゾン川流域に入りこんだ」という言葉を聞けば、いまの地図を知るぼくたちは、大西洋側から入りこんだと自然に考えてしまうけれど、太平洋側から入りこんだ可能性さえあることになる。

いずれにしても、まさにいまぼくがいるペルーあたりに住んだカワイルカの祖先たちは、アマゾン川が太平洋に注ぎこんだ時代を知っているものがいたはずだ。それが大きく変わったとき――とはいっても動物が一生のうちに経験するような時間のなかで起こったわけではないが――そこにすむ動物たちにとっては天と地をひっくり返すような大騒動だったにちがいない。

下顎の骨

今回の取材の足になったハウスボートは、錨をもたない。

ぼくたちのハウスボートを
出迎える村人たち。

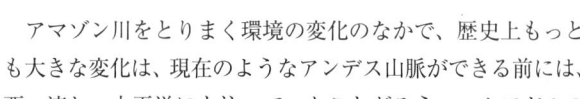

アマゾンカワイルカや
ピラニアをかたどった
木彫りの土産物。

船を停泊させるときには、川辺の樹々にもやい綱をくくりつけるか、泥が柔らかそうな川辺を選んで舳先を乗り上げる格好で船を停泊させる。こうしてマラニョン川やその支流を旅しながら、ときには村々を訪ねたりもした。

村人たちは、ハウスボートには旅行者が乗っていることを当然知っているのだろう。船が村に近づくたびに、川辺には、アマゾンカワイルカやピラニア、ワニなど、川の動物をかたどった木彫りなどの土産物が並べられるのが常だった。なかには、生きたカメやカニ、あるいはサルなどの動物さえ、土産物として買わないかとばかりに、こちらに掲げて見せられたりもした。

そのなかに長さ50cmくらいのY字型の骨がまじっているのを見つけた。アマゾンカワイルカの下顎の骨(p.39)である。多くのイルカの下顎の骨は、左右の骨が先端で癒合してV字型をつくるのに対して、アマゾンカワイルカのものでは、先端の3分の1くらいにわたって完全に癒合して（縫合部が長く)、Y字型を形づくっている。細長く突き出したくちばしのなかには、この骨が入っている。

さらに変わっているのは、歯だ。

一般の陸上哺乳類では、切歯や犬歯、臼歯など、機能によって異なる歯をあわせて持っている。陸上哺乳類から進化したばかりの、初期のムカシクジラ類、たとえば5000万年前に生きた、知られているもっとも古い鯨類であるパキケタスや、4000万年前に現れ、体形はずいぶんとクジラらしくなったドルドンやバシロサウルスなどでも、まだ異なる形の歯をもっていた（異歯性)。

しかし、海のなかを泳ぎまわり、魚やイカなどをとらえて食べる現在のハクジラ類では、獲物をとらえて飲みこむだけだ。咀嚼《そしゃく》することはない。そのために、現生の多くのイルカたちでは、獲物をとらえるだけの牙状、あるいは円錐形の同じ形の歯を持つようになった（同歯性)。

ところが、川辺で見つけたアマゾンカワイルカの下顎についた歯を見ると、先のほうでは、多くのイルカたちと同様の円錐形だが、奥のほうでは、杭のような形をして、いかにもかたいものを噛みつぶすための歯をしている。

長くアマゾンカワイルカの生態を調査してきたブラジル人

水中マイクを沈めて
アマゾンカワイルカの声を聞く。

研究者ベラ・シルバ博士やロビン・ベスト博士らによれば、アマゾンカワイルカのメニューには50種にのぼる魚類のほか、カメやカニまで含まれている。魚類のなかにも、鱗のかたいナマズの仲間もいる。杭状の歯は、こうしたかたい餌生物を噛みつぶすためのものなのだろう。

もうひとつ、イルカとは異なる動物の頭骨もまじっていた。長さは40cmほど、臼歯が発達して、明らかに植物食の動物である。大きさはずいぶん違うがゾウのそれに似ていなくもない。正体はアマゾンマナティーのもので、村人たちによれば、少数ながらその流域にも生息するとのことであった。

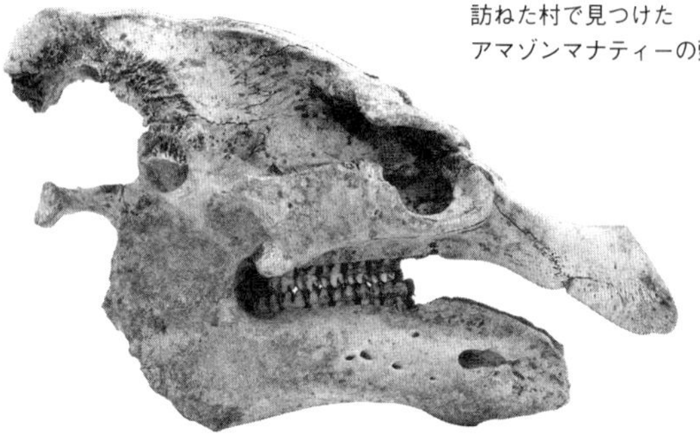

訪ねた村で見つけた
アマゾンマナティーの頭骨。

水中の声

鯨類の調査や観察で、目でしっかりとその姿をとらえられないときには、水中で発せられる彼らの声を聞くのが常だ。ぼくたちは各所で水中マイクを沈めては、アマゾンの水中の音の世界に耳を傾けたものだ。

ベルーガと同様メロンの形を自由に変えることから考えて、アマゾンカワイルカが相当に多彩な声を出すことは予想できたが、じっさいに水中マイクからは「グッ」「ギュイ」などさまざまな声が届けられてくる。なかには、まわりにすむ魚類が発する音も混じってはいただろうが、明らかにエコロケーションのためのクリック音が連続して「ギギギ」と聞こえる、イルカならではの声も頻繁に聞くことができた。

こうした水中の声、あるいは音は、いかにも採餌中と思われる行動——他のイルカたちと同様に、速い動きのなかで不規則に浮上してはすぐに潜るといった行動——を見せるときには、いっそう多彩になるようだった。そうした行動のなか

三角の背びれを見せて泳ぐ
コビトイルカ。

で、他のイルカたちでは耳にすることのない、「ギュ」とものを押しつぶすような音がときおり聞こえたのは、カメやかたい鱗をもったナマズなどを噛みつぶすときのものだったのかもしれない。

また複数のイルカ、とくに体色が鮮やかなピンクの個体が複数頭集まるような場所で、「ギュイ」や「グワッ」と強く濁った声が頻繁に聞こえるのは、雄同士が威嚇しあうときだろう。ときに「カチン」とかたいものをあわせるような音もまじるが、これは両顎の歯を激しく噛みあわせる音だ。他のハクジラ類でも威嚇のおりに見せる行動である。

コビトイルカ

ところで、この旅ではもう１種、別のイルカを観察している。アマゾンカワイルカと異なるのは、体がずいぶん小さいこと、体色がすべて灰色一色で、背にはっきりとした背びれをもつことだ。

コビトイルカで、体長せいぜい1.5m、海で暮らす数多くの仲間をもつマイルカ科で、子どものハンドウイルカのようにも見える。ブラジルの大西洋岸に分布するが、アマゾン川流域にも広く入りこんでいる。

このイルカは生息場所でもアマゾンカワイルカと少々異なっている。よく出会うのは、狭い支流ではなく本流であったり、湖でも岸から離れて開けた場所である。一方アマゾンカワイルカは、支流や湖の沿岸、さらには浸水した植生の間を泳ぎまわることが多いから、両種が明らかに棲みわけけているさまがうかがえる。またアマゾンカワイルカが単独で泳ぐことが多いのに対して、コビトイルカは数頭がかたまって行動することが多い。

ちなみにコビトイルカをもっともよく目にしたのは、支流が本流に合流する地点で、こうした場所には餌になる魚群が集まりやすいからかもしれない。とくに早朝や夕方には数頭が集まって、激しく川面を切って泳ぎながら魚群を追う行動を見せていた。そしてもうひとつ、典型的な行動は、彼らの近くを漁師たちのボートが走りぬけるときに、しばしば川面からジャンプを見せることだった。

アマゾン流域地図
Venezuela
オリノコ川
Orinoco R.
Guyana
Suriname
French Guiana
大西洋
Atlantic Ocean
Colombia
ヤスニ国立保護区
Yasuni National Park
Coca
Ecuador
ネグロ川
Negro R.
Manaus
ナポ川
Napo R.
Iquitos
アマゾン
Amazon
マラニョン川
Marañón R.
パカヤ・サミリア国立保護区
Pacaya-Samiria National Reserve
マディラ川
Madeira R.
Peru
ウカヤリ川
Ucayali R.
Brazil
Bolivia
太平洋
Pacific Ocean
Paraguay

カワイルカのなかまたち
River Dolphins

ラプラタカワイルカ
Franciscana
Pontoporia blainvillei

体長●雄 1.6m、雌 1.7m
体重●雄 43kg、雌 52kg

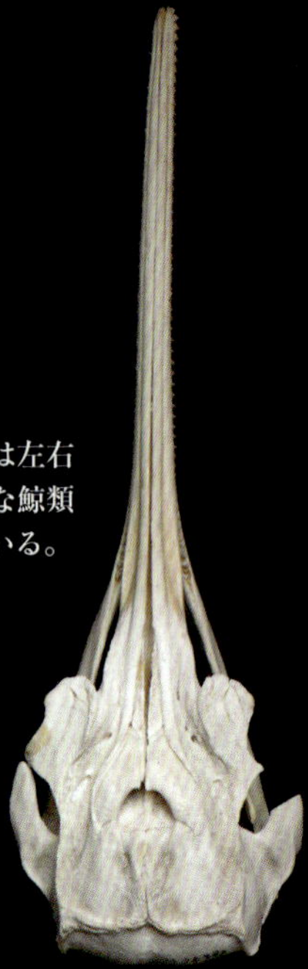

上から見た頭骨は左右相称で、原始的な鯨類の特徴を保っている。

上顎骨のへりが板状に発達し、メロンをつつみこむようにドームを形づくっている。これはエコロケーション（反響定位）をより効率よく行うためのものと思われる。

インドカワイルカ
South Asian River Dolphin, Susu
Platanista gangetica

体長●雄 2.1m、雌 2.5m
体重●最大 85kg

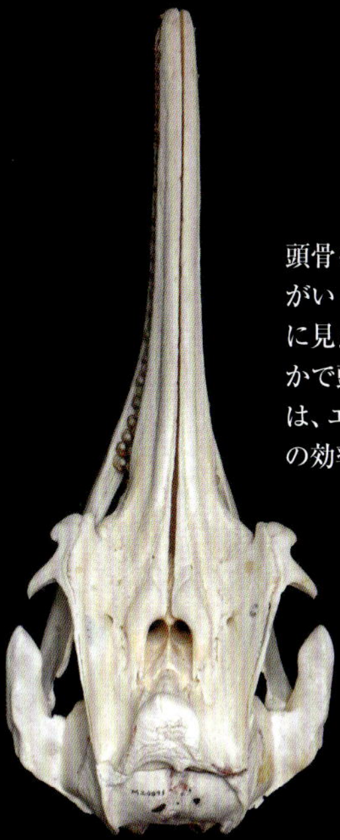

頭骨を上から見たところ。噴気孔がいくぶん左に偏って左右非相称に見える。ハクジラ類の進化のなかで頭骨が非相称になっていくのは、エコロケーション（反響定位）の効率化と関わっている。

アマゾンカワイルカ

Amazon River Dolphin, Boto
Inia geoffrensis

体長●雄 2.5m、雌 2.2m
体重●雄 180kg、雌 120kg

上下の顎の前方の歯は、多くのハクジラ類と同じ円錐形だが、奥の歯はかたいものを噛みつぶすために杭の形をしている。

（すべて国立科学博物館蔵）

Encounter
邂逅

漁師たちにとって、
イルカは身近な存在でありながら、
一方で畏れの対象でもありつづけた。
彼らは村人に不思議な魔力をかけて、
水中世界に誘うという。

古来禁じられてきたが、
近年はこうした畏れも、
徐々に人々から失われつつある。

刺し網で漁を行う。
カワイルカがこの網に絡んで命を落とすことも少なくない。

アマゾンカワイルカが泳ぐ後方を、メガネカイマンが泳ぐ
(エクアドル、ヤスニ国立公園内で)。

頸椎が癒合せず、首を自由な方向に向けることができるために、水中でもさまざまな姿勢をとる。
この能力のおかげで、水に浸った樹々の間を自在に泳ぎまわり、すきまにすむ餌生物をとらえることができる。

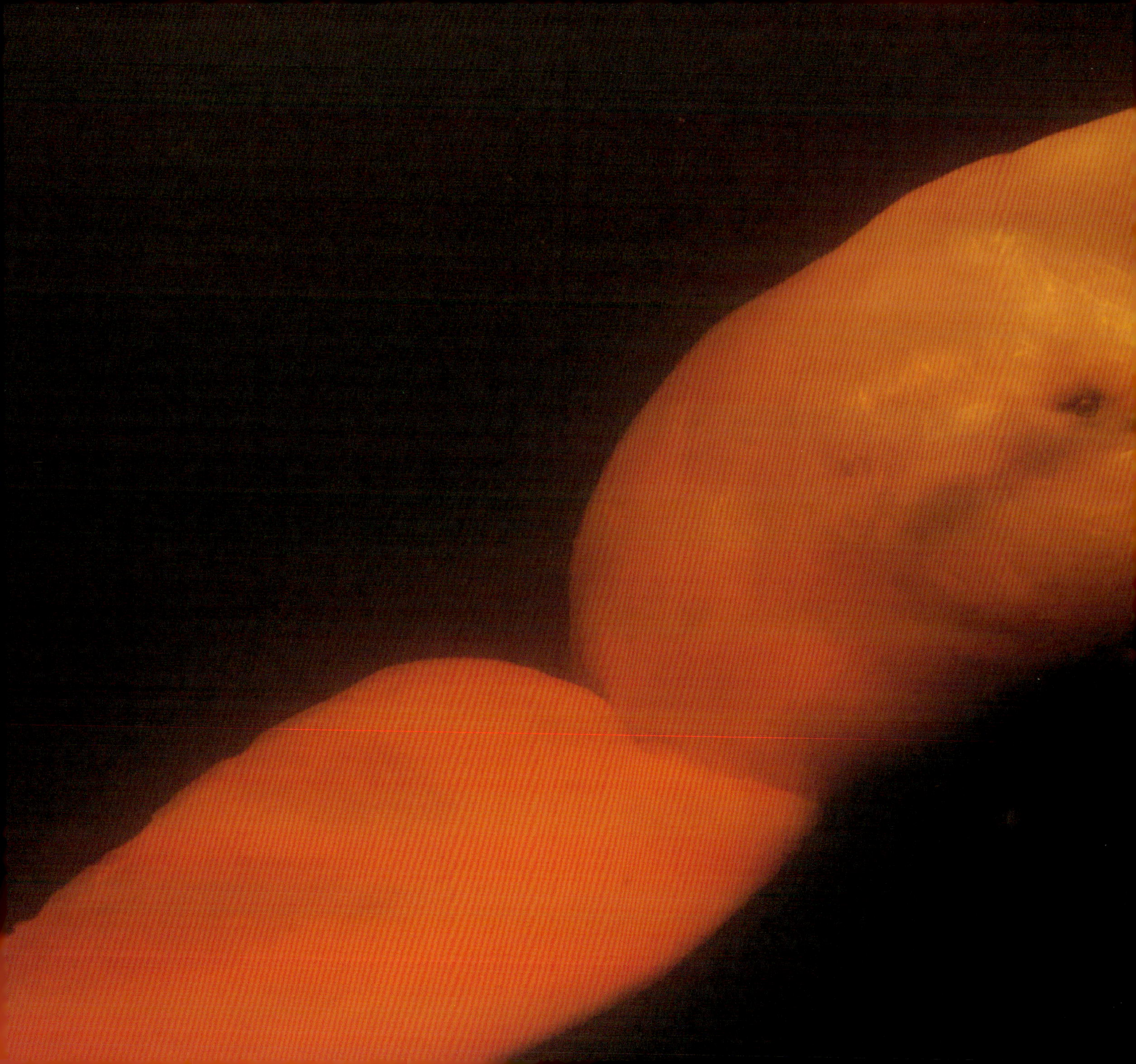

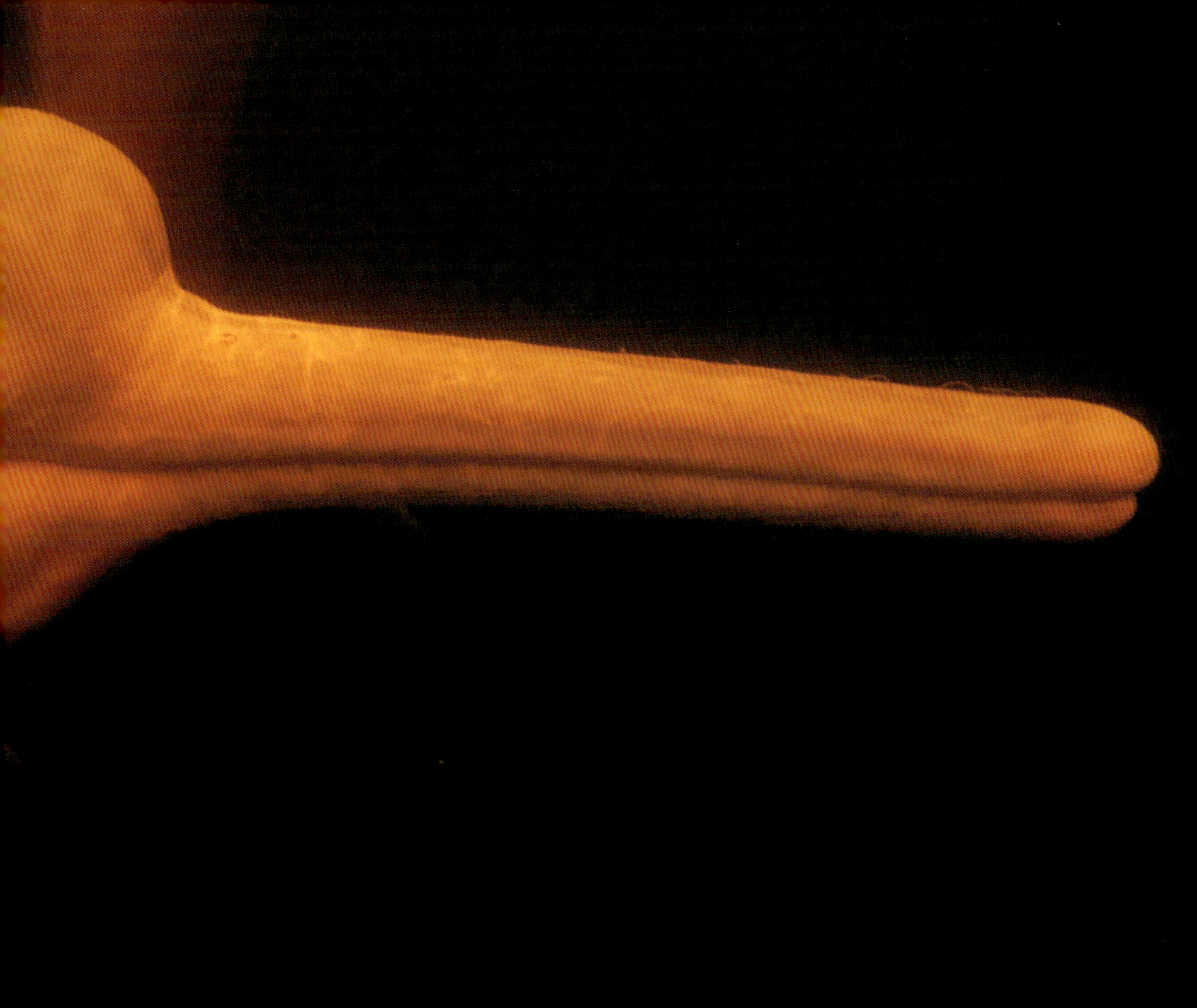

くちばしに数多く生えた感覚毛で、流れや餌生物による水の動きをとらえる。

ふいに水上に体を躍らせた雄。雌にくらべてひとまわり大きく、ピンクの度合いも強い。
雄同士はしばしば激しく争うが、
写真のイルカは、他の個体の歯によって刻まれた傷から血をにじませていた。

水中カメラのレンズを覗きこむイルカ。
インドカワイルカでは目は相当に退化しているが、
アマゾンカワイルカは目でしっかりと対象物をとらえることができる。

倒木の上で休むメガネカイマン

獲物を求めて飛びたつダイサギ

巨大な葉で川面をおおうオオオニバス

H_2Oが水という形で存在する奇跡が、
この惑星を生命で満たした。
アマゾンの川畔に立って、交錯する色彩と光を目にしたなら、
これがほんとうに奇跡と呼ぶに値することを実感する。

岸辺に多いアマゾンカワイルカに対して、流れのなかほどで出会うのは、ひとまわり小さいコビトイルカ。
全身が灰色で、はっきりとした背びれをもつ。
朝夕は小魚の群れを追って、激しい泳ぎを見せることが多い。

船が近くを通ると、しばしばジャンプを見せるコビトイルカ。腹部が赤く染まって見える。

水中観察にむけて

エクアドル、ヤスニ国立公園からブラジル、ネグロ川へ

Yasuni National Park, Ecuador ～ Rio Negro, Brazil

ぼくの存在に慣れたイルカたちは、ぼくが泳ぎまわると、濁りのなかからふいに妖艶な姿を浮かびあがらせては、
水中マスクごしにぼくの目を覗きこんでいった。

ボートの接近に驚いた巨大なピラルクが、
腹に響く水音をたてて、水面から躍りだした。

エクアドル、ヤスニ国立公園

ペルーのパカヤ・サミリア国立保護区を訪れた何年か後、ぼくはふたたびアマゾンカワイルカの撮影と取材のために、エクアドルのヤスニ国立公園をめざしていた。

ペルーのイキトスの少し下流で、北から流れてアマゾン川に合流するナポ川という支流がある。ナポ川をそのまま上流に進むと、エクアドル領内に入り、そこからさらに200kmほど遡れば、コカという町にたどり着く。

コカの町は、正式にはこの地域を探検したスペイン人の名前に因んでプエルト・フランシスコ・デ・オレジャナと呼ばれている。フランシスコ・デ・オレジャナは、この町あたりから大河アマゾンへの道を探り、さらに大西洋への道を探したようだが、大西洋には達することなくこの世を去った。

ぼくは、エクアドルの首都キトから国内線でコカの町まで移動、そこから今回は、自由に動きまわれる船外機つきのボートとキャンプ用具を用意して、ヤスニ国立公園をめざした。

ヤスニ国立公園は、ペルーとの国境を東側の境界に、ナポ川を北側の境界にして9823㎢の面積をもつ。世界でもっとも生物多様性の豊かな地域として、また外部と接触をもたない先住民がすむ地域として、1989年ユネスコの生物圏保護区に指定されている。

この地域の生物多様性がいかに豊かであるかは、アマゾン川流域全体のわずか0.15%の面積でありながら、アマゾン川流域に生息する爬虫類、両生類のほぼ3分の1にあたる種が生息すること、この場所の1haに生息する樹種は、北米全体に生息する樹種より多いことを知るだけで、十分に理解できるだろう。

しかし、近年国立公園内に、8億バレル以上の原油が埋蔵

ヤスニ国立公園内のハトゥンコチャ湖を示す看板。

樹の枝にかかった
オルペンドラ（オオツリスドリ）の、
草木の繊維で編んだ巣。

されていることが知られ、その採掘をめぐって議論されているところでもある。もちろん大規模な採掘がはじまれば、豊かな自然に与える影響は相当なものになるだろう。

ハトゥンコチャ湖

広大なヤスニ国立公園のなかでも、ぼくの一番の目的地は、地元の人びとからアマゾンカワイルカが多く生息すると聞いたハトゥンコチャ湖である。

コカの町からナポ川をくだると、7～8時間でペルーとの国境にいたる。ほんとうに小さな支流が国境になっていて、対岸にある警備隊の駐屯地にはペルーの国旗がなびき、数名の兵士が国境警備にあたっていた。銃は手にしているもののものものしさはなく、ぼくが手を振れば挨拶をかえしてくれるのどかさである。

目的のハトゥンコチャ湖は、国境の少し手前で、ナポ川から南西にむかって国立公園の奥にのびる支流をたどった先にある。まわりに広がる森の樹々は、そろった高さに林冠をひろげ、ときおり突出木が頭をのぞかせる熱帯降雨林特有の光景を演出している。

川の両側から迫る樹々の枝には、長さ70～80cm（ときには1mを越えるものもある）の洋梨をぶら下げたような形で、草木の繊維で編んだ巣がそこここにかかっている。オルペンドラ（オオツリスドリ）という鳥の巣だ。くちばしの先がオレンジ色で、尾羽が鮮やかな黄色をしている。この旅でぼくは、毎朝この鳥の「キョポン」とも「コポン」とも聞こえる澄んだ声で目覚めることになる。

支流はときにボタンウキクサなどの水草でおおわれ、ボートは開けた水路を探しながら進まなければならない。やがて水路はより細く、まがりくねった隘路《あいろ》になって、迷宮のような熱帯降雨林のなかをのびていく。あるときには、ボートの接近に驚いた巨大なピラルクが、「ドーン」という腹に響く

水音をたてて、水面から躍りだす光景がぼくを驚かせた。

水草で遊ぶイルカ

狭い水路を進むぼくたちの、両側から迫るうっそうとした森によって閉ざされていた視界が、ふいに開けた。ハトゥンコチャ湖にたどり着いたのだった。ぼくたちは、湖の沿岸に沿ってボートを走らせながら、アマゾンカワイルカが多く観察できる場所を探すとともに、キャンプ地にする場所もあわせて探していく。その間もカワイルカたちは、つぎつぎにボートとすれ違っていった。

場所によってはオオオニバスが、直径にして3mほどもある葉で湖面を飾っている。数羽のアジサシが、水面につけたくちばしで、水を切るように低空飛行をしていく。クロハサミアジサシという鳥で、下くちばしを湖面につけたまま飛翔し、くちばしにひっかかった小魚をとらえるのである。

やがて、湖岸が切れ込んでボートがとめやすく、奥にいくぶん開けた土地が広がっている場所を見つけ、テントを設営した。ここがぼくがハトゥンコチャ湖にいる間のキャンプになる。

翌日からの観察で、アマゾンカワイルカにはそこここで出会うことができた。また少し岸から離れた場所では、2、3頭が背びれを見せて泳ぐコビトイルカも観察できたし——もともと餌生物が豊かだからだろう——日中草地や水辺の倒木の上で日光浴をするメガネカイマンなどワニたちの姿も珍しいものではなかった。

この湖で観察できたアマゾンカワイルカの行動のなかでとくに興味深いものは、水面に浮かぶボタンウキクサなどの水草を口ではさんだり、運んだりするものだった。イルカが水草をくわえて水中にひきこんだあと、口を離したからだろう、水草がふいに水面に浮かびあがるのを目にしたりもした。水草だけでなく、川面に浮かぶ木の実や枝をつかって同様の行動を行う姿も観察されている。

水草をくわえてふりまわす
アマゾンカワイルカの雄。

ハトゥンコチャ湖の風景。
ところどころで、
ボタンウキクサが湖面をおおう。

アマゾンカワイルカのこうした行動は、大きな雄によく見られるようで、とすれば、たんに彼らの好奇心を表すものだけでもなさそうだ。サルの仲間を含め、好奇心から新しい行動を獲得していくのは、子どもたちからはじめられるのが常だからだ。

水草や木の実で“遊ぶ”行動が成熟した雄に多く見られることは、いくつかの可能性を考えさせるものだ。たとえばクジャクの羽やヘラジカの大きな角と同様に、雄が雌をひきつけるために、ある形態や行動がより特化され発達してきた結果ではないかということだ。

この行動についてさまざまに思いをめぐらしているとき、ひとつの興味深い研究に出会った。イギリス、セントアンドリュース大学のアンソニー・マーティン博士によるもので、水草や枝などをくわえたりするのは雄しか行わず、それも雌がそばにいるときにしか行わないというものである。つまり、雄イルカたちは、こうしたものをもつことで雌の興味をひこうとしているわけで、人間の男性が高級な車や贅沢品で女性の目をひこうとするのと何ら変わらない。

親子のイルカ

アマゾンカワイルカは雌に比べて雄がずいぶん大きく、鯨類のなかでも性的二型の強い種である。こうした動物では、雄同士が雌をめぐって競いあうのがふつうだが、じっさいにアマゾンカワイルカの、鮮やかなまでにピンクに染まった大きな雄たちの体には、さまざまな傷跡が刻まれている。なかには明らかに仲間の歯によってついたと思われる何本かの平行した傷があり、ピンクの皮膚の上に血を滲《にじ》ませているものもいた。雄同士の間で、相当に攻撃的な行動が行なわれていることは想像に難くない。

一方、ハトゥンコチャ湖のさまざまな場所を、アマゾンカワイルカを探しながらボートで走らせたとき、岸に近く水に浸かった樹々がいりくんだ場所で、何組みかの子連れのイルカに出会った。子イルカは、まだ濃い灰色をしている。それは、むしろ“ひっそりと隠れるように”とたとえられるような暮らしぶりで、大きな雄たちが多い場所からは少し離れた場所

男性が贅沢品で女性の目をひこうとするように、イルカの雄は雌の前で水草で遊んだ。

である。

海にすむイルカたち、それも大きな群れをつくるイルカたちでも、一見ひとかたまりになっているようで、小さな子連れの雌イルカたちが、集まって群れの本隊から少し離れたところを泳ぐのをよく見かける。小さな子どもを連れているために、泳ぐ速さや動きが異なるからとも思えるが、それだけではないのかもしれない。

多くの哺乳類で、小さな子どもを連れた雌は、雄を避ける傾向にある。容易に考えられる理由は、いくつかの哺乳類で、授乳中の雌の子どもを殺すことで雌を発情させ、交尾を行う（つまりは自分の子どもを生ませる）雄の存在が知られていることだ。アマゾンカワイルカでも子連れの雌にとっては、雄は出会いたくない相手であるのかもしれない。

マナウスからネグロ川へ

ペルー、エクアドルでの取材のあと、ぼくはどうすればこの幻のイルカの、水中での生態が観察できるかを考えてはじめた。そして、そのための取材を、これまでよりはいくぶん下流の、ブラジル、マナウスの町を出発点にして行うことになった。

マナウスは、ブラジルのほぼ中央にあって、アマゾン川を利用した水上交通の拠点となる大都市である。ぼくはまず軽飛行機で、あたりの流域を視察した。

じつはこの町のすぐ上流で、アマゾン川の本流に、ネグロ川という支流が合流する。ネグロ川は、支流としては世界最大といわれる川である。ネグロ川だけで擁する魚類は600種。それだけで北米大陸に生息する魚類の種数を超える。今回考えている取材地は、ネグロ川沿いのいくつかの支流や湖である。

ちなみに、アマゾン川流域に流れる川は、ホワイト・ウォーター、ブラック・ウォーター、クリア・ウォーターに分類される。

ホワイト・ウォーターとは、アンデスから流れるシルトを大量に含んだ流れで、カフェ・ラテのように白く濁っている。栄養分がもっとも多く、森の樹種はホワイト・ウォーターのまわりでもっとも豊かと言われている。

ブラック・ウォーターとは、タンニンなど植物からの腐食酸を多く含み、文字通り水は黒く、濃い紅茶あるいはコーヒーのような色をしている。ネグロ川とは「黒い川」を意味し、文字通りブラック・ウォーターが流れる川である。

一方クリア・ウォーターは、場所によって存在する、比較的澄んだ水の流れだが、マナウスの近くではあまり知られていない。

軽飛行機がマナウス空港から飛びたつと、すぐにアマゾン川本流とネグロ川の合流点が見える。ホワイト・ウォーターが流れるアマゾン本流に、ブラック・ウォーターが流れるネグロ川が合流するさまは、まさにカフェ・ラテをつくるためにミルクのなかにコーヒーを注ぎこむときのようだ。

二つの水塊はすぐには混じらず、白と褐色とが互いに渦をつくりながら、相手の領域のなかに溶けこんでいく。

ぼくは、このあと取材をする予定になっているネグロ川の上流にむかって飛んでくれるよう、パイロットに伝えた。

取材を行ったのは、雨期から乾期に変わってまもない7月、空から見る川辺の森はすべて水に浸り、樹々は水生植物のように水面からつきだして、緑の梢をのぞかせている。川の増水のことを知らないでこの風景を目にしたなら、間違いなく大きな湖の上を飛んでいると思ったに違いない。

この季節、目的のアマゾンカワイルカは、こうした浸水林のなかを泳ぎながら、さまざまな魚類や底生生物を漁っているはずだった。

水中で

今回、ネグロ川流域を取材地に選んだのには、いくつかの理由があった。今回もハウスボートで旅をすることにしていたのだが、ハウスボートを借りることができたマナウスの町から比較的近いこと、考えている水中観察にとって、白く濁ったホワイト・ウォーターは致命的で、たとえ濁っているとはいえブラック・ウォーターなら、距離さえ近ければ観察で

アマゾン本流に
ネグロ川が合流する。
後方にマナウスの町が
見える。

川が森を浸す季節。
村の家々も床下まで水に浸かり、
カヌーやボートが
村人の足になる。

きる可能性があること（本来ならクリア・ウォーターが理想的だが、マナウスから近い場所でもそれなりの距離になる）、それにネグロ川沿いのいくつかの村では、漁師たちがイルカに餌を与え、それにイルカたちが慣れはじめているために、水中での観察の可能性がより高くあること、が理由だった。

ぼくは、ハウスボートでネグロ川を遡りながら、漁師たちがカワイルカに魚を与えているらしいと聞いたいくつかの場所を訪ねることにした。

この季節、川辺の村々も水に浸かっているが、それぞれの家は高床式で、生活の足はカヌーや小舟になる。ぼくは漁師の一人に頼んで、しばらくいっしょに観察させてもらうことにした。

出かけた場所は、ちょうど浸水林の縁あたりで、漁師たちが休憩用につくった筏が浮かべられていた。「時間によっては、イルカたちは浸水林のなかで魚を追っていて、なかなか姿を現わさない」という。ぼくたちは筏の上で時間をつぶすことにした。

やがて遠くで、「プッ」というイルカの呼吸の音が聞こえ、ピンクの体にわずかに盛りあがったアマゾンカワイルカ特有の背が見えた。別の場所からも、イルカの呼吸音が聞こえはじめた。何頭かのイルカが、浸水林のなかから出てきたようだ。

漁師は筏から水に入り、水面をたたいてイルカたちの興味をひこうとする。漁師が２、３匹の魚を水面に投げると、イルカたちの輪が少し縮まりはじめた。そのときぼくは、スノーケリングの準備をして水に入った。

ピラニアがすむ川

黒く濁った水に入るのには、最初は多少の抵抗がある。どんな寄生虫がいるかもしれないという思いがよぎるうえに、もうひとつの心配は、前日に近くでピラニア釣りをしたことだ。

水辺の植物がいりくんだ場所にボートを止め、釣り竿の先を水につけて激しく動かし、水しぶきと水音をたてたあとに釣り針を沈めると、ほんとうにすぐにピラニアがかかった。水音や水しぶきが、弱ったりあがいたりしている動物と間違

夕食のおかず用に
釣りあげたピラニア。

えて、まわりのピラニアが集まってくるからだそうだ。

ピラニアは、唐揚げにすれば美味しい魚で、以前ペルーやエクアドルで取材したおりにも幾度も食べたものだ。それに唐揚げなら、衛生状態が不安な場所であっても、安心して食べることができる貴重なおかずになった。が、ピラニアに私が食べられるわけにはいかない。

子ども時代に読んだ本にあった、川に落ちた動物をピラニアの群れが襲いかかり、あっという間に白骨にしてしまうという話はフィクションだとわかっていても、彼らがすむ川に入るのは多少のためらいはある。しかし、いったん水に入ってしまえば、日中の暑さから逃れられるうえに汗も流せて、むしろ快適でさえあった。

水中マスクごしに見る水は、濁りで2mほどしか見通すことができない。写真を撮影しようとするなら、被写体には1mほどに近寄る必要はあるだろう。

水面を見上げると、濃い紅茶の赤ささえ感じさせる水のなかに射しこむ太陽の光が、幾条もの光の帯をつくって揺れて見える。浸水林に近いところであれば、濁りのむこうからのびる枝についた葉の群れが太陽の光を照り返している。

ぼくは体と目を慣らすために、少しも潜ってみた。2メートルも潜ると、水面から射しこむ太陽の光も濁りに遮られて、すぐに真っ暗になる。少しとどまって目が慣れてくると、口のまわりにヒゲを生やしたナマズやさまざまな小魚が泳ぎまわっているのが見えはじめた。

耳には、「グッ」とうなるような音、「ギュイ」と濁った音など、イルカたちの声が届いている。ぼくは、どこから現れるかわからないイルカの姿をさがして、濁りのなかに目を走らせる。水面では漁師が、水面をたたいてイルカを呼びつづけている。

ぼくがカメラのファインダーをのぞいていると、暗い濁りのなかに、一瞬赤みのある塊がファインダーのなかに浮かびあがっては消えた。そのあとも何度か、濁りのなかからおぼ射しこむ太陽があたりを赤く染める。
そのなかに現れたイルカの姿はまるで幻。

ろげな影が現れては消えた。少なくともイルカたちは、水中に漂うぼくに興味をもっているようだ。

やがて、濁りのなかから細長いくちばしが現れたかと思うと、それは顔の一部となって、はっきりとしたイルカの上半身が現れた。ペルーやエクアドルの取材で果たせなかった、カワイルカを至近の距離で観察したいという願いは、こうして思いのほか簡単に実現することになった。

慣れはじめたイルカのなかには、ぼくにくちばしの先をつけんばかりに接近してきたものもいる。おそらくは漁師たちから魚をもらった経験のあるイルカたちだろう。体に触れようと思えば触れることもできただろう。それに皮膚感や、体についた傷のひとつひとつの細部まで、仔細に眺めることができる。

雄たちの喧嘩

こうして、漁師が与える魚を介在させながら、相当な回数と時間を、アマゾンカワイルカの水中での観察に費やせるようになっていった。と同時に、ぼくの存在に慣れたイルカたちは、ぼくが泳ぎまわると、濁りのなかからふいに妖艶な姿を浮かびあがらせては、水中マスクごしにぼくの目を覗きこんでいった。多くの海のイルカの目が、哺乳類特有の切れ長のものであるのに対して、アマゾンカワイルカの目は豆粒のようだ。

彼らの姿をそばで見て驚くのは、遠くからは華奢《きゃしゃ》に見えた彼らの細長いくちばしが、じっさいは丈夫な棍棒なようなものであることだ。そこには数多くの感覚毛がはえている。水の流れを感じるというが、おそらくは餌生物の存在や動きも知ることができるのだろう。

丈夫なくちばしはそれなりの武器のようで、接近した別の個体をくちばしでつついたり、噛みあう行動も、短い観察の間にも何度か目にすることができた。彼らの体表についている傷跡も、こうしてついたのだろう。ぼくは接近してきたイルカたちの性別を見きわめるため、できる限り腹部を見

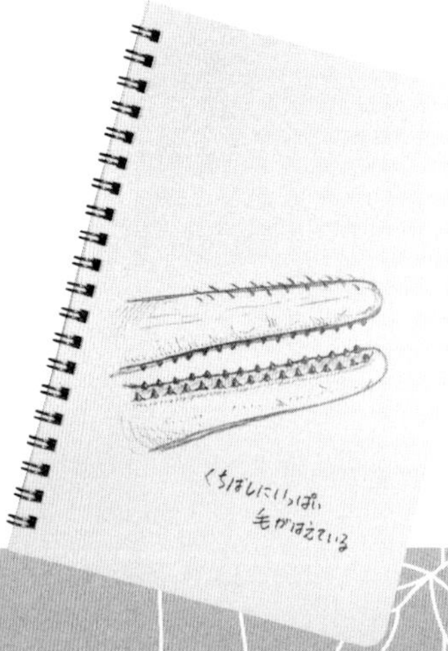

るようにしたが、仲間に対して攻撃的な行動をするものは間違いなく雄で、体色も鮮やかなほどのピンクの個体だった。

この日以降、ぼくは同じようにして、アマゾンカワイルカの水中の行動を観察する機会を数多くもてたが、そのときに目にしたイルカたちのなかには、くちばしが曲がったり、折れたりしているものも珍しくない。すべての原因が明らかではないが、アマゾンカワイルカの雄たちの喧嘩が相当に激しいことを思わせるものでもある。

カワイルカの未来

いまアマゾンでは、魚を与えることでイルカたちを呼びよせ、観光客に見せるという地元のビジネスが定着しつつある。この幻のイルカの観察は、ぼくがペルーのパカヤ・サミリア国立保護区や、エクアドルのヤスニ国立公園を訪ねた頃にくらべれば簡単なものになりはじめている。しかし、これがもっと普及して各地で行われ、ときに客の要望にあわせて無制限に魚を与えるようなことが起きるのであれば、やはりどこかでブレーキをかけなければならないのかもしれない。

また河川は、世界のどこにあっても人間の生活をささえるもので、沿岸には居住地や産業活動が盛んな場所が少なくない。町や工場がはきだす生活排水、産業排水も河川に流れでる。そのために、カワイルカ類は海にすむイルカたちにくらべれば、水の汚染や生息環境の劣化など人間の影響をはるかにをうけやすい。

ちなみにアマゾンカワイルカについては、1961年にはFAO（国連食料農業機構）が、アマゾン川流域の漁獲量を増やすためには、カワイルカと魚食性の水鳥を減らすべきたという勧告を、ブラジル政府に行っている。その後、ベラ・シルバ博士とロビン・ベスト博士らがアマゾンカワイルカの生態を調べた結果、彼らのメニューのなかに経済的に価値のある魚種が入っていなかったことが明らかになり、幸い勧告は実施されなかったいきさつがある。

コロンビアで発行された
アマゾンカワイルカの切手。

　また、河川や沿岸でよく行われる刺し網漁は、世界の各地で沿岸にすむイルカたちの、とくに幼い個体の混獲を招いているが、カワイルカ類もけっして例外ではない。じっさいいずれの取材でも、訪れる各地で漁師たちが行う刺し網漁をふつうに目にしている。

　さらにカワイルカ類の特有の、将来への生存にかけた懸念は、大小のダムなどの建設によって、上流と下流の間の行き来がさまたげられることだ。たとえ全体としてある程度の個体数が生息していたとしても、ダムなどの障害物で行き来ができなくなってしまえば、群れは交流をもてない小群にわけられてしまう。また、ダムの建設によってそれぞれの場所の水位が変われば、餌生物の分布も大きく変わってしまうだろうし、とくに上流側ではこれまで水に浸かることのなかった植生を腐食させ、水質を悪化させる。

　カワイルカのなかまをとりまく状況は、一様に過酷なものだ。しかし、もし他のカワイルカの仲間にくらべてアマゾンカワイルカに少しでも救いがあるとするなら、それは村人との間に不思議な絆が存在することだろう。

*

　訪れる村々でこんな話を聞いた。

　妖艶なイルカは、祭りの夜に魅惑的な男性として村に現れ、娘たちを誘惑する。華やかな祭りのあと、未婚の娘たちが身ごもることがあると、子どもたちの父親は美しいイルカであったと伝えられるという。おおらかな国のおおらかな物語ではある。

　古くからの漁師たちは、イルカたちを伝説に語られるものとして、網に絡んだ個体を逃がすこともあったというが、新参の漁師たちにとっては漁具を傷つける邪魔者でしかない。

　アマゾンのピンクドルフィンたちは、現実の世界の生き物でありながら、人びとの心にもすみついて遊舞する化身でもあった。こうした畏れが人々の心に残ることこそ、彼らが将来にわたって生きつづけることができる鍵になるのかもしれない。

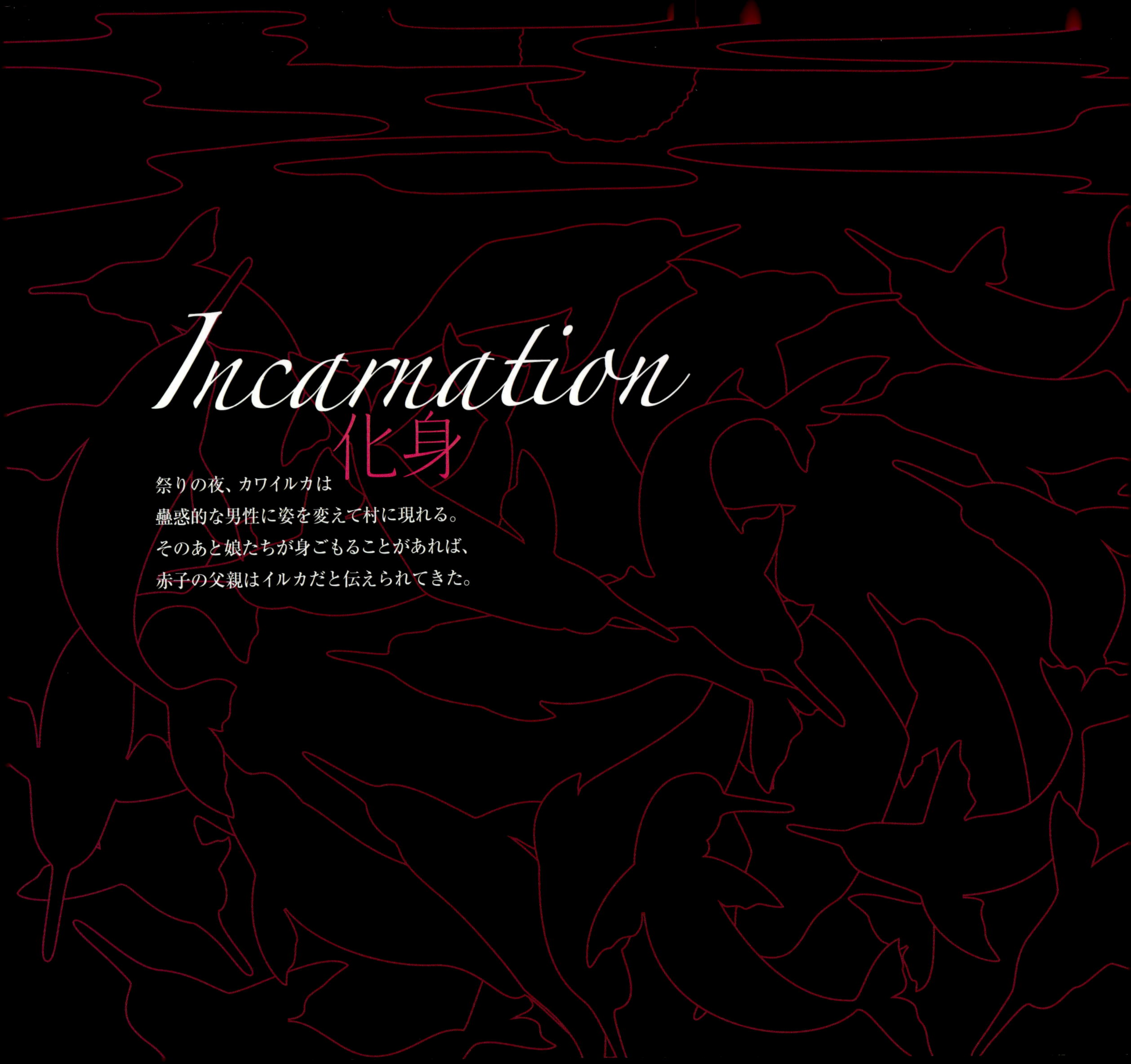

Incarnation
化身

祭りの夜、カワイルカは
蠱惑的な男性に姿を変えて村に現れる。
そのあと娘たちが身ごもることがあれば、
赤子の父親はイルカだと伝えられてきた。

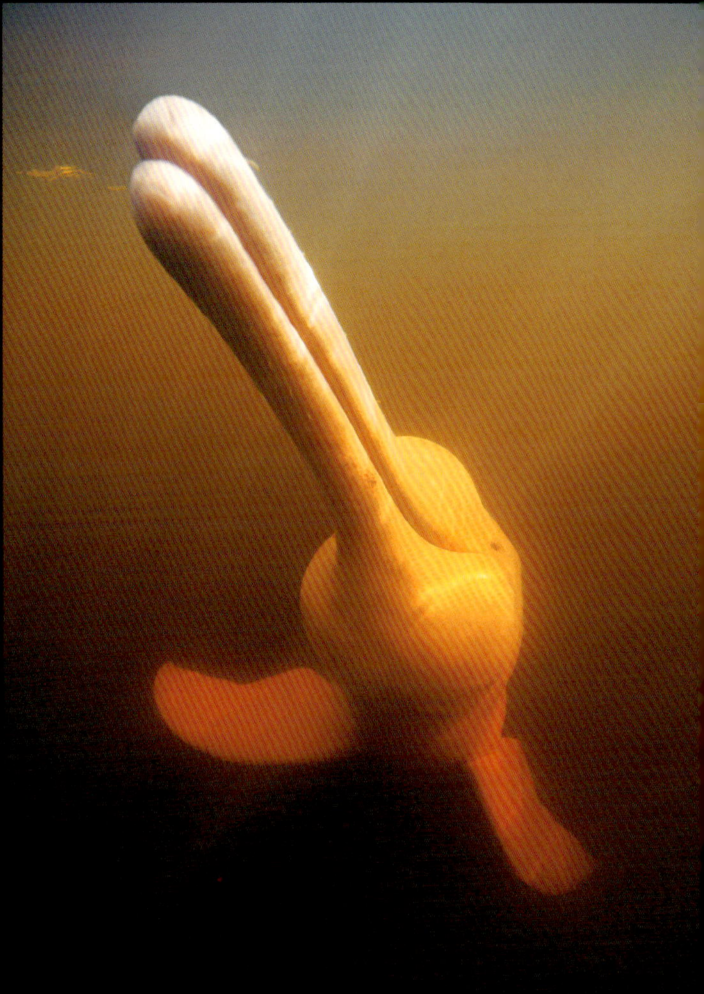

イルカが人の化身か、人がイルカの化身か。

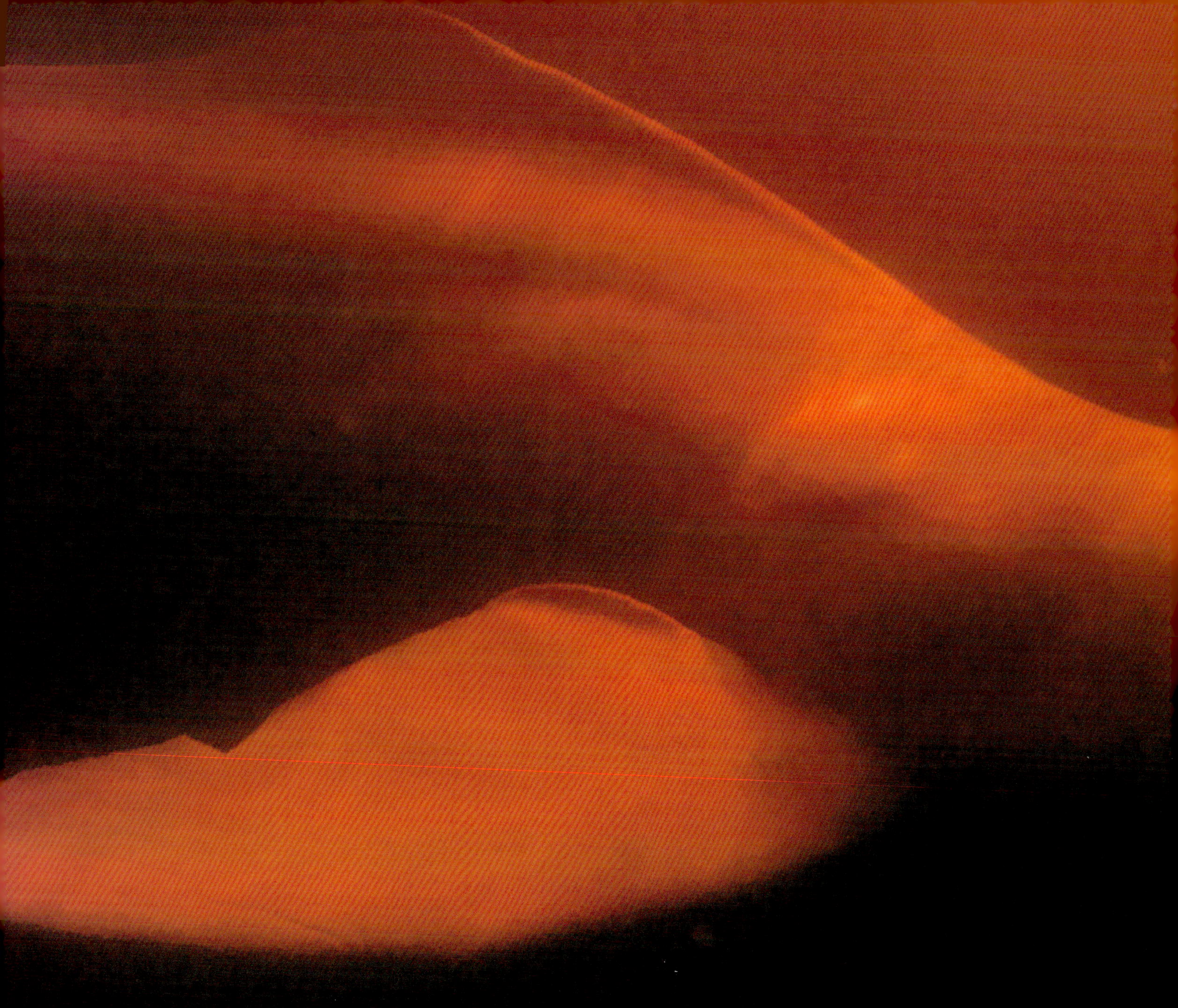

夜が明けても、濁った水が太陽を閉し、川底に届く光は少ない。

水面から射しこむ太陽で、
燃えたつ色合に染まるカワイルカ。
この姿を目にしたなら、
彼らに超自然的な力を
思い描いても不思議ではない。

海にすむイルカたちが現れる以前から、世界の河川に入りこんで生きるカワイルカたち。
長い歴史のなかで、彼らにもっとも影響を与える出来事があったとすれば、
人間が河川をわがもの顔に使いはじめたことだろう。

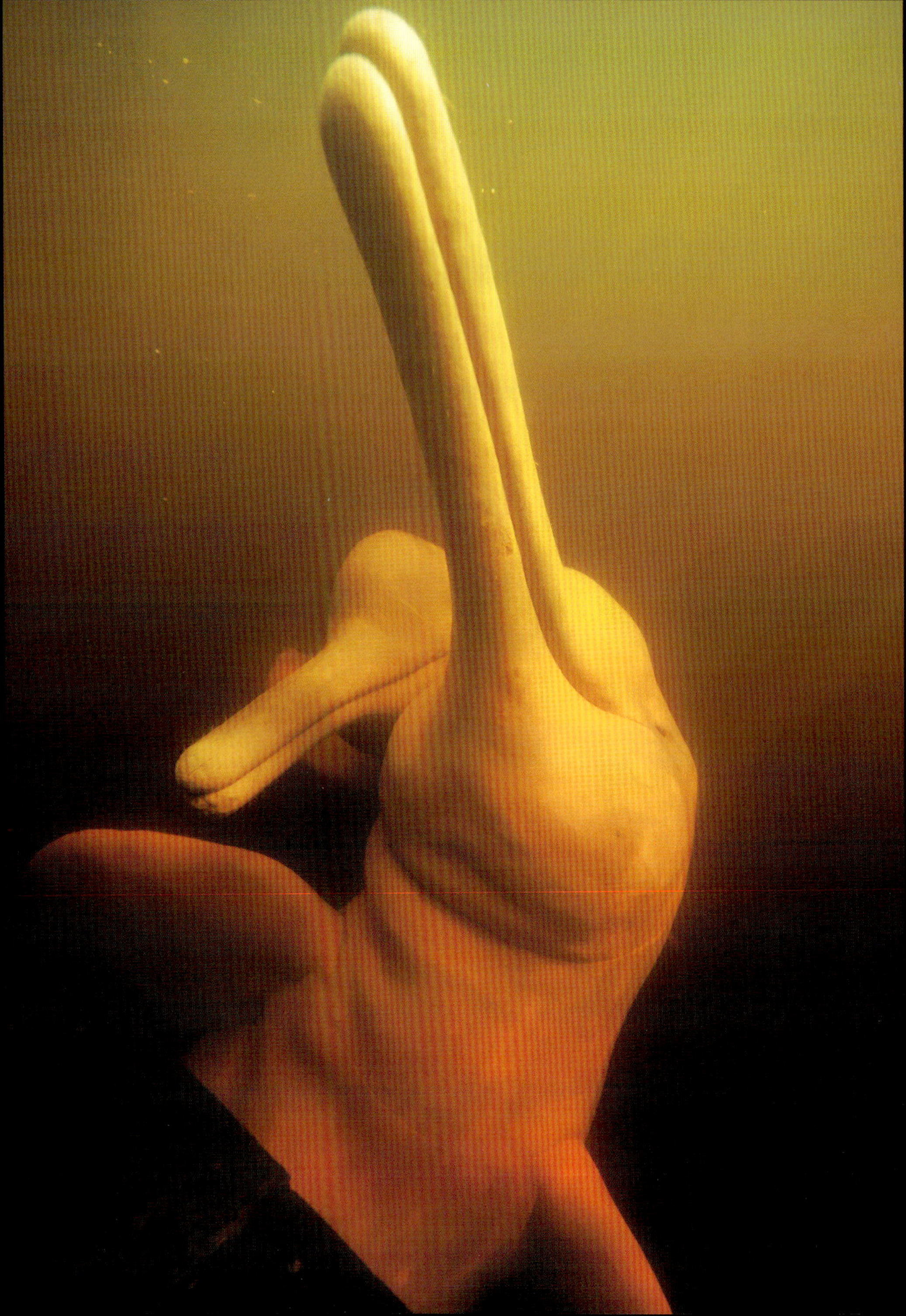

漁のおこぼれを狙って、漁師たちの舟に体を寄せるイルカたち。
雄同士の激しい喧嘩によるものだろうか、くちばしが折れたり曲がったりしている個体も珍しくない。

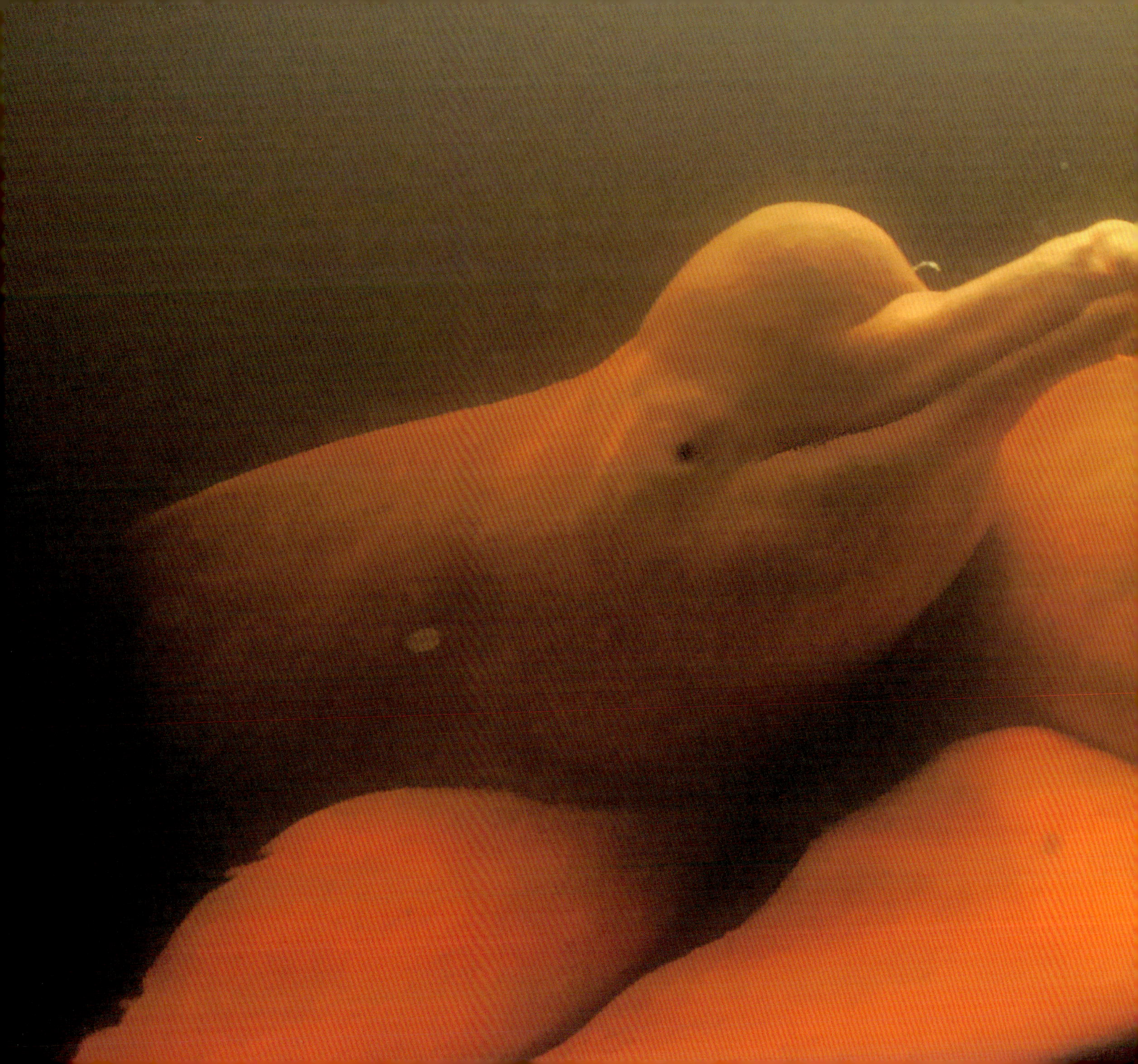

水面から射しこむ太陽が、
世界を黄金色に染めあげる。
そのなかに現れたイルカの姿は、
まるで幻。
ただ彼らが発する多彩な声が、
観察者を現実の世界に
つなぎとめる。

息をとめて深みから、水面を見上げていた。光をさえぎったのは、１頭のイルカ。
水面のむこうにある太陽が降りそそぐ世界へ、ときにイルカたちは体を躍らせる。

水口　博也　Hiroya Minakuchi

1953年、大阪生まれ。京都大学理学部動物学科卒業後、
出版社にて書籍の編集に従事しながら、海棲哺乳類の研究と撮影をつづける。
1984年、フリーランスとして独立。以来、世界中の海をフィールドに、動物や自然を取材して数々の写真集を発表。
とりわけ鯨類の生態写真は世界的に評価されている。
1991年、写真集『オルカ アゲイン』で講談社出版文化賞写真賞受賞。
1997～2001年、人間と海や地球の関わりを考える独自のメディアとして、海のグラフィック雑誌「スフィア」を主宰。
2000年、『マッコウの歌－しろいおおきなともだち』で第五回日本絵本大賞受賞。
2011年から、すぐれた自然写真家の作品を集めた
年鑑『世界のネイチャーフォトグラフィー Nature Photo Annual』の刊行をつづける。
現在は１年の半分を海外で撮影と取材に費やし、残りの半年を、国内で執筆、編集、講演等を行う。
近年は地球環境全体を視野に入れ、熱帯降雨林や極地での取材も多い。
http://www.hiroyaminakuchi.com/

著書・写真集

- 写真絵本『コククジラの旅』福音館書店 1988
- ノンフィクション『オルカ－海の王シャチと風の物語』早川書房 1988
- 写真集『巨鯨』講談社 1990
- 写真集『オルカ アゲイン　Orca Again』風樹社 1991（講談社出版文化賞写真賞）
- 写真集『Dolphin－フレンドリードルフィンと水の記憶』ブロンズ新社 1992
- 児童書『クジラ大海原をゆく』岩波書店 1992
- 写真集『Blue in Blue－風のイルカ』ブロンズ新社 1993
- 写真集『Sea lion－「アシカの海」物語』ブロンズ新社 1993
- 写真集『WHALE ODYSSEY－巨鯨伝説』講談社 1993
- 写真集『巨鯨』文庫版　講談社 1994
- ノンフィクション『ブルーホエール－バハ・カリフォルニアの青い巨鯨』早川書房 1994
- 写真集『MISTY－幻想のオルカ』ブロンズ新社 1995
- 児童書『イルカと海の旅』講談社 1996
- 翻訳『イルカを救ういくつかの方法』講談社 1996
- ノンフィクション『バハマ－イルカと光の迷宮』早川書房 1996
- 翻訳『さらばベルーガ』三田出版会 1997
- 百科『クジラ・イルカ大百科』阪急コミュニケーションズ 1998
- 百科『ガラパゴス大百科』阪急コミュニケーションズ 1999
- 写真絵本『マッコウの歌－しろいおおきなともだち』小学館 1999（第５回日本絵本大賞）
- 写真集『Planet of Dolphin－イルカの宇宙』東京書籍 2000
- 写真ガイド『HOW TO PHOTO－水口博也・野生を撮る』阪急コミュニケーションズ 2000
- 観察ガイド『クジラ・ウォッチングガイドブック』阪急コミュニケーションズ 2002
- 写真集『ビッグブルーBIG BLUE』アップフロントブックス 2002
- 観察ガイド『イルカ・ウォッチングガイドブック』阪急コミュニケーションズ 2003
- 小説『リトルオルカ』アップフロントブックス 2003
- 旅行ガイド『ボルネオ　ネイチャー・リゾート』アップフロントブックス 2004
- 児童書『クジラ－大海をめぐる巨人を追って』金の星社 2004（第17回読書感想画中央コンクール指定図書）
- 旅行記『風の国・ペンギンの島』アップフロントブックス 2005
- 百科『見てわかるクジラ百科－クジラの超能力』講談社 2006
- 旅行記『アラスカ』早川書房 2007
- ノンフィクション『オルカ－海の王シャチと風の物語』文庫版　早川書房 2007
- ノンフィクション『オルカをめぐる冒険』徳間書店 2007
- 写真集『Angel Ring－シロイルカからの贈りもの』ダイヤモンド・ビッグ社 2008
- 写真絵本『ノチョとヘイリ』シータス 2008
- 写真集『くらげのくに　Jewels in the Sea』ダイヤモンド・ビッグ社 2009
- 写真絵本『ペンギンびより　Penguin Days』シータス 2009
- 図鑑『クジラ・イルカ生態写真図鑑』講談社 2010
- 写真絵本『イルカ－ぼくら地球のなかまたち』アリス館 2010
- 児童書『クジラと海とぼく』アリス館 2010（第57回青少年読書感想文全国コンクール課題図書）
- 児童書『ぼくが写真家になった理由－クジラに教えられたこと』シータス 2011
- 児童書『クジラ・イルカのなぞ99』偕成社 2012
- 写真絵本『クジラの海の大冒険』学研 2012
- 図鑑『クジラ・イルカ生態ヴィジュアル図鑑』誠文堂新光社 2013

AMAZON DOLPHIN
アマゾンのピンクドルフィン

2013年11月15日　第1刷発行

著者
水口博也

イラスト
脇坂祐三子

ブックデザイン
菅沼画

プリンティング・ディレクション
髙柳昇

発行　シータス
〒225-0011 横浜市青葉区あざみ野 4-4-13-105
電話 (045) 904-5884　http://www.spherebooks.com/

発売　丸善出版株式会社
〒101-0051 東京都千代田区神田神保町 2-17
電話 (03) 3512-3256
http://pub.maruzen.co.jp/

印刷・製本　(株)東京印書館

ISBN978-4-9902925-6-0
Printed in Japan